第三辑

纳唐科学问答系列

史前人类

[法] 塞西尔·朱格拉 著

[法] 罗贝尔·巴博尔里尼 绘

杨晓梅 译

吉林科学技术出版社

Les hommes prehistoriqes
ISBN：978-2-09-255166-0
Text: Cecile Jugla
Illustrations: Robert Barborini
Copyright © Editions Nathan, 2014
Simplified Chinese edition © Jilin Science & Technology Publishing House 2021
Simplified Chinese edition arranged through Jack and Bean company
All Rights Reserved

吉林省版权局著作合同登记号：
图字　07-2020-0051

图书在版编目（CIP）数据

史前人类 / （法）塞西尔·朱格拉著 ； 杨晓梅译. --
长春 ：吉林科学技术出版社，2023.8
　（纳唐科学问答系列）
　ISBN 978-7-5744-0369-7

　Ⅰ. ①史… Ⅱ. ①塞… ②杨… Ⅲ. ①古人类学—儿童
读物 Ⅳ. ①Q981-49

中国版本图书馆CIP数据核字(2023)第083599号

纳唐科学问答系列　史前人类
NATANG KEXUE WENDA XILIE　SHIQIAN RENLEI

著　　者　[法]塞西尔·朱格拉
绘　　者　[法]罗贝尔·巴博尔里尼
译　　者　杨晓梅
出 版 人　宛　霞
责任编辑　郭　廓
封面设计　长春美印图文设计有限公司
制　　版　长春美印图文设计有限公司
幅面尺寸　226 mm×240 mm
开　　本　16
印　　张　2
页　　数　32
字　　数　25千字
印　　数　1-6 000册
版　　次　2023年8月第1版
印　　次　2023年8月第1次印刷

出　　版　吉林科学技术出版社
发　　行　吉林科学技术出版社
地　　址　长春市福祉大路5788号
邮　　编　130118
发行部电话/传真　0431-81629529　81629530　81629531
　　　　　　　　　　81629532　81629533　81629534
储运部电话　0431-86059116
编辑部电话　0431-81629520
印　　刷　吉林省吉广国际广告股份有限公司

书　　号　ISBN 978-7-5744-0369-7
定　　价　35.00元

目录

安营扎寨

春天来了，一群史前人类将在这块河边空地上驻扎下来。快！赶紧把帐篷搭起来！

这些人是谁？
他们是克罗马农人，是智人的一种。你看他们长得跟我们多像！

他们生活在哪个时代？
距今已经上万年了。那个时代被称为"史前时代"。

他们是如何来到这里的？
靠双腿！他们每天都要走很远很远，是"超级走路王"！

他们为什么不住进洞穴里呢？
因为洞穴里太潮湿了。不过他们有时也会住在洞穴入口处。

为什么选择了这一处？
这里聚集了许多食草动物，方便他们打猎。他们很了解这块地区，每年春天都会回来！

在图中找一找！

皮袋子

野牛

野牛皮

3

集体生活

这个小部落由20个人组成，他们来自几个不同的家庭。他们在一起打猎、做饭……竭尽所能，维持他们的生活。

这些男男女女会说话吗？

会。不过他们的语言是什么？每个部落都有自己的语言吗？这些问题目前还没有答案。

他们的帐篷是如何搭建的？

先用树枝搭成一个圆锥体，再在外面盖上兽皮，然后将其用石头压在地上固定。

每个人都有自己的职责吗？

科学家们普遍认为：男性负责狩猎，女性留在营地做饭。不过应该也有擅长打猎的女性与喜欢做饭的男性。

这个男人是首领吗?

是的，为了显示自己与众不同的地位，他戴了一顶帽子，衣服上还有珍珠作为装饰。

这位老人家年纪多大了?

不超过50岁!那个时代，人们对疾病与伤口几乎无能为力。通常没人能像今天的人类这样活到80多岁!

在图中找一找!

炉火

鱼   皮袋子

火是中心

晚上，大家聚在巨石下搭建的小窝里，燃起炉火，等待着今天的晚餐……

火有什么作用？

火的作用特别多——煮熟食物、照明、取暖、赶走野兽……

为什么这个女人要把肉放在木棍上？

她要让烟慢慢地将肉烤熟。这种烟熏肉保存的时间特别久！

为什么这个男人把石头放进袋子里？

这些石头的温度已经非常高了，可以使袋子里的水变热，就变成了汤。

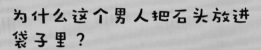

这个男人拿着骨头要干什么？

扔到外面。那时还没有垃圾桶，人们只能把垃圾扔在地上。

克罗马农人吃的是什么？

以肉为主，可能是生吃，或者烤熟、煮熟。也有水果、种子……

在图中找一找！

骨头

火把

打火石

帐篷里

夜幕降临。在摇曳的火光中，孩子们睡着了，大人们还要继续劳作……

这个女人用什么缝衣服？
骨头做的针，鹿肠或鹿筋制作的线。

为什么这个孩子还在喝母乳？
因为那时没有奶瓶，也没有牛奶！妈妈们要母乳喂养孩子直到2岁或3岁。

他们睡在床上吗？
不。他们睡在铺着叶子和草的地上。为了取暖，他们会盖上野牛或驯鹿的皮。

这个男人在制作什么？

他正在给动物的牙齿穿孔，用来制作项链或手链。有时也会用到珍珠或贝壳。

小孩子们有玩具吗？

他们有小型的玩偶与武器，用来模仿父母狩猎的样子！

在图中找一找！

玩偶

披风

项链

9

石头打磨场

一大清早，在峭壁边，部落里的工匠们就开始打磨石头，制造工具与武器。他们真有才华！

这个男人拿着大石头干什么？
他要把一大块燧石分割成锋利的石头片。经过后续的打磨，它们就可以用来制造工具。

这块尖尖的石头的作用是什么？
钻孔。用它在兽皮上钻孔，然后就可以缝制衣服了。

这个尖锐物的作用是什么？
用来制作箭！没错，那时人类已经发明了弓箭！

这个男人在做什么？
制作标枪。这是一种武器，在木棍一端绑上锋利的石片，再利用投矛器投掷出去。

为什么这里有这么多孩子？
他们在学习如何打磨石头制作标枪。在那个时代，学校还没有出现，家长要亲自向孩子们传授所有的知识。

在图中找一找！

弓

撞锤

猫头鹰

神奇的动物

在那个时代，动物的数量比人多很多！这些动物有时很可怕！

这个动物是犀牛吗？

是长毛犀牛。现在已经灭绝了，不过非洲与亚洲还生活着它们的表亲——犀牛。

猛犸象的毛为什么那么长？

因为那时的气候很寒冷！30厘米的长毛让它们可以抵御严寒。

克罗马农人会骑马吗？

不会。因为那时只有野马，人类还没有驯化任何动物。猫和狗还不是人类的好朋友！

这只猛兽是什么？

穴狮。这种凶猛的猫科动物喜欢攻击驯鹿。

这头怪模怪样的牛叫什么？

原牛，它是奶牛的祖先。2米的身高与巨大的角让它的模样看起来十分恐怖！

在图中找一找！

洞熊

大角鹿

洞鬣狗

13

狩猎

到了捕杀野牛的时刻！所有人聚到了一起。小心啊，猎手随时可能会被野牛撞倒在地！

为什么要狩猎？

动物的肉可以做食物，骨头可以制作工具，皮毛可以缝制衣服……

为什么要集体狩猎？

这样可以一次捕捉更多猎物，同时降低危险。有时，好几个部落会联合起来捕猎。

捕杀动物时使用的武器是什么？

矛。利用投矛器或人工投掷将它们发射出去。利用投矛器可以投掷得更远，杀伤力也更大！同时避免了太靠近猎物造成的风险。

这些拿着火把的人
在干什么？

他们用火把来恐吓猎物，
避免猎物逃走。

他们要如何搬运这头野牛？

因为它太沉了，所以猎人们会就
地将猎物分割。这样一来，便可以将
战利品轻松地带回营地。

在图中找一找！

投石器

金雕

野兔

15

打鱼与采集

光靠打猎还不能填饱所有人的肚子。为了吃饱，史前人类还要采集植物、打鱼……

这个小女孩用什么捕鱼？

鱼叉。它的前端有锯齿，可以刺入鱼的身体里。

这些人在采集什么？

野果、蘑菇及可食用的根茎。爬树的男孩想拿走蜂蜜。小心，别被蜜蜂蜇到！

这个男人要用手中的植物干什么？

这些草可以用来治疗一些疾病。这个男人是医师，正在采集能治病的植物。

16

为什么这个女人要捡树枝？
用来生火！需要很多木材才能满足营地生火的需求。

这个兽皮做的袋子有什么用途？
取水。可以将河里的水运回营地。

在图中找一找！

鱼

鱼钩

一捆柴

17

在洞窟里画画

洞窟最深处，部落中的艺术家们在岩壁上描绘着各种各样的图案。这些画可真美啊！

为什么要画画呢？

可能是想让岩壁更美观，也可能是为了描述一个故事，还有可能是感谢帮助他们捕猎的同伴。

他们在岩壁上画画的工具是什么？

手，也会使用刷子等。刷子通常是利用动物皮毛、苔藓、树枝制作而成的。

颜料是如何制作的？

将红色、黄色、棕色的石头与水或油脂混合。他们也会用木炭来描绘黑色的部分。

画的主题是什么？

许多动物、手印、几何图形，偶尔也会有人的图案。

他们如何在高处画画？

爬到木头搭成的架子上，或将刷子绑在长棍上绘画。

在图中找一找！

刷子

石头灯

原牛图案

19

一起来庆祝吧

今晚的营地洋溢着欢乐的气息！两个部落结束了打猎，聚在一起庆祝。他们刚刚从海边归来……

在一群人当中的两个男人在干什么？

一个人用大贝壳换来了一个他没有的工具：穿了孔的棍子。在那个时代，金钱还没有出现，大家的习惯是以物易物。

这群男人在干什么？

演奏音乐。一个人在刮兽骨，另一个摇晃着吼板——这种乐器可以发出类似飞机起飞时的嗡嗡声。

这对少男少女要去别处生活吗？

也许。女孩可能会离开自己的部落，跟着丈夫去他的部落生活，并在那里繁育后代。

他们如何庆祝节日呢？

他们在一起演奏音乐、跳舞、歌唱、拍手……

这位老者在说什么？

讲故事，解释世界的奥秘……

他是一个说书人。

在图中找一找！

跳舞的人

狼

笛子

21

考古现场

上万年过去了。现在的我们来到了过去克罗马农人曾经安营扎寨的地方……

我们如何了解史前人类的生活？
很长一段时间里，我们完全不知道史前人类曾经存在过。不过，通过挖掘，我们发现了洞窟，逐渐地了解了他们的生活。

这些人是谁？
研究人类如何诞生、发展、繁衍的一群学者。

这个学者发现了什么？
一具骸骨。旁边还有史前人类留下的骨头。

为什么土壤有好几层？

它们各自属于不同的时代，越深，越古老。这样一来，通过土壤，我们就能推断出考古发现所属的年代了！

在图中找一找！

照相机

头颅

刷子

猴子是我们的祖先吗？

不是。但我们是猩猩的表亲，包括黑猩猩、红毛猩猩、大猩猩等，我们拥有同一个祖先。

史前人类身材十分矮小吗？

第一批人类的身材与高大毫无关系。他们的身高只有1.4米，相当于一个11岁的孩子。不过，克罗马农人中的男性身高超过1.7米。

克罗马农人也会埋葬死人吗？

会，与尼安德特人一样。他们会为死者穿上衣服，让他们侧躺在地上。在坟墓中，他们会放上花朵、红色粉末、山羊角与一些工具。

尼安德特人是什么样的人？

与克罗马农人一样，他们也是智人的一种，生活的年代也一致。不过，尼安德特人已经灭绝了，原因尚不可知。

法国著名的拉斯科洞窟是如何被发现的？

非常偶然！一个小男孩的狗因为追赶兔子而跑远了。小男孩与3个小伙伴去追狗，无意中发现了有许多壁画的拉斯科洞窟。

科斯奎洞窟又是什么地方？

也是一个史前洞窟，于1991年在法国马赛附近被发现。岩壁上的图案有鹿、企鹅、海豹……这个洞窟藏在海中！史前时代的海平面比现在要低，所以当时的人类可以直接走入这个洞穴中。

历史上不同种类的人

·能人：
他们生活在非洲，是最早制作出工具的人。

·直立人：
他们走出了非洲大陆，来到欧洲、亚洲繁衍和生活。他们是最早学会生火与保存火种的人。

·智人：
他们在全世界生生不息，甚至乘船到达了澳大利亚。

还有其他种类的帐篷吗？

在有些地区，人们会用猛犸象的骨头、象牙与皮毛搭帐篷。

人类是何时开始建房子的呢？

过了很久之后。那时的人类已经不再需要为了寻找食物而不停搬家了。

史前人类也有衣服吗？

有。为了抵御严寒，他们将动物的毛皮拼凑起来。衣服就这样被"发明"了出来。

他们也爱美吗？

他们会佩戴饰品，衣服会用珍珠装饰，甚至可能化妆！

人类是如何学会生火的？

·最初，他们只是寻找火，比如从被雷劈中后着火的树上取下一根燃烧的树枝。

·后来，他们知道了用燧石（打火石）敲击含铁的石块可以产生火星。

·以及可以用木棍在木板上摩擦生火。

最早的工具是什么样子的？

一侧边缘被打磨得很锋利的小石块，也叫"砍砸器"。

后来，人们开始双面打磨燧石，又叫"手斧"。

 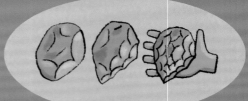

工具与武器都是石头吗？

不是，史前人类也会使用动物骨头、猛犸象牙、鹿角、木头来制作工具与武器。

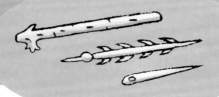

为什么猛犸象灭绝了？

常见的解释是因为气候变暖。许多动物与猛犸象一同灭绝了。

那时有恐龙吗？

没有！早在人类出现前，恐龙就从地球上灭绝了。人类与恐龙从来没有共同存在过！

还有哪些狩猎技巧？

· 猎人们将猛犸象这样的大型动物诱骗到沼泽或提前挖好的壕沟中再进行猎杀。

· 驱逐野马或驯鹿群，迫使它们从悬崖上跳下去。

· 利用弓箭射杀鸟或野兔。

部落中医师的作用是什么？

他可以治疗病人。

组织仪式与庆典。

主持成年礼，让孩子成为真正的大人。

克罗马农人是真正的艺术家吗？

当然，除了洞窟壁画，他们的武器上也有雕刻的图案。

还会制作女性雕像。

长笛说明了他们还是音乐家！

更晚一些的人是如何生活的？

· 他们开始养殖动物，种植植物。人类定居下来，一个个村落就这样形成了。

· 他们有了金属工具、陶土罐子，还会纺纱、制作衣物。

· 最后他们发明了文字。这标志着史前时代的结束。

科学家们如何处理考古发现呢？

· 将它们带回实验室。在那里，科学家们会将缺少的部分"填充"或"描绘"出来。

· 放到显微镜下观察、分析。

· 放到博物馆中展出，让大家都能欣赏。